中国地质调查"全国实物地质资料汇聚整理与服务"
（121201013000161403）项目资助

十个伙伴来分级
——十个摩氏硬度分级矿物

苏桂芬　　郭　峰　　刘凤民　　任香爱　　冯　丹

刘向东　　张晨光　　冯俊岭　　杨德方　　周　毅　　编著

徐艳秋　　张华川　　王增祥　　滕　超　　王燕岚

张晓飞　　陈　佳　　戴晨元　　朱友峰　　秦缘慧

U0363342

地质出版社

·北　京·

内 容 提 要

　　本书用通俗易懂的语言介绍了十个摩氏硬度分级矿物，包括形态、颜色、个性特征、成因及应用等方面，个性化地赋予每个摩氏硬度矿物人物化卡通形象，先总述后逐一展开，个别矿物配有小故事及宝石文化。全书运用原创线条画（含矿物卡通画）和临摹画共计100幅，精心挑选出187张矿物图片，部分图像做了突出矿物效果的处理，能够鲜明地展现矿物特征，加强读者对摩氏硬度矿物的兴趣，展现矿物的魅力。

　　该书是以普及国土资源科学技术知识为目的的地学科普类图书，可以作为青少年的课外读物，增强他们对地球科学学习和研究的兴趣，同时为社会大众提供了了解地学基础知识的途径，可供休闲阅读、参考。

图书在版编目（CIP）数据

　　十个伙伴来分级：十个摩氏硬度分级矿物 / 苏桂芬等编著. —北京：地质出版社，2017.12
　　ISBN 978-7-116-10714-4

　　Ⅰ．①十… Ⅱ．①苏… Ⅲ．①矿物－硬度－基本知识
Ⅳ．① P574

　　中国版本图书馆 CIP 数据核字（2017）第 298798 号

责任编辑：孙亚芸
责任校对：李　玫
出版发行：地质出版社
社址邮编：北京海淀区学院路31号，100083
电　　话：(010) 66554528（邮购部）；(010) 66554633（编辑部）
网　　址：http://www.gph.com.cn
传　　真：(010) 66554607
印　　刷：北京地大彩印有限公司
开　　本：787mm × 960mm $^{1}/_{16}$
印　　张：6.25
字　　数：100 千字
版　　次：2017年12月北京第1版
印　　次：2017年12月北京第1次印刷
定　　价：28.00元
书　　号：ISBN 978-7-116-10714-4

（如对本书有意见或建议，敬请致电本社；如本书有印装问题，本社负责调换）

前 言

矿物（mineral）是由地质作用形成的天然单质或化合物，是组成岩石和矿石的基本单元。它们具有相对均匀且固定的化学组成，具有确定的内部结构；它们在一定的物理化学条件范围内稳定。绝大多数矿物是无机物。

矿物是地质作用过程最精彩的遗存，也是大地母亲慷慨赋予人类的最宝贵财富（刘树臣等，2017）。人们耳熟能详的宝石就是在地球内部一定的温度、压力等条件下，结晶析出的矿物，比如钻石、水晶、红宝石和蓝宝石等。宝石色泽美丽、光彩夺目、物产稀少、质地坚硬耐磨，为人类生活增添了色彩，提升了艺术品位。人们熟悉的宝石名称与矿物学名称是不一样的，比如宝石行业所称之"钻石"，矿物学名称为"金刚石"；宝石行业所称之"水晶"，矿物学名称为"石英"；宝石行业所称之"红宝石"和"蓝宝石"，矿物学名称为"刚玉"等。

目前，自然界发现了5000多种矿物，早在石器时代，人类的祖先就开始利用矿物来装饰自己（刘树臣等，2017）。认知矿物可以从十个摩氏硬度矿物开始。硬度是矿物的重要物理常数和鉴定标志，在工业技术、电气、航空等方面有重要意义。

本书推出了十个摩氏矿物的卡通形象和图文小故事，以期说明：它们从哪里来？单体和集合体的形态与颜色如何？有什么个性特征？能够形成什么样的矿产？分布如何？如何应用？有什么用途？通过典型矿床展示了国土资源实物地质资料中心采集的磷灰石、金刚石矿物标本。

全书共分11章，其中第一章、第二章、第六章、第八章、第十一章由苏桂芬、冯丹执笔编写，前言、第三章由刘凤民执笔编写，第四章由苏桂芬、刘向东执笔编写，第五章由任香爱执笔编写，第七章由冯丹执笔编写，第九章、第十章由郭峰、冯丹执笔编写，最后由苏桂芬、冯丹、郭峰完成统稿工作。图文卡通由秦缘惠、冯丹绘画编辑完成。本书大部分图片来源于中国地质博物馆、国土资源实物地质资料中心，少量来自安徽省地质博物馆。参与本书编写的还有冯俊岭、张晨光、杨德方、周毅、徐艳秋、张华川、王增祥、滕超、王燕岚、张晓飞、陈佳、戴晨元、朱友峰等。施光海、夏浩东、高鹏鑫、苏蕊、张苏江、侯礼富、刘云浩等对本书的编写提出了宝贵意见。

本书在编写过程中得到了中国地质调查局原副总工程师王保良、原地矿部高级工程师唐开疆、国土资源实物地质资料中心教授级高级工程师张业成的帮助与指导，得到了国土资源实物地质资料中心领导以及有关单位同行们的大力支持，在此表示衷心的感谢！

受作者水平所限，书中不足之处难免，敬请读者批评指正。

作者

2017年8月

目　录

前　言

第一章　绪论——十个摩氏硬度分级矿物..01

第二章　滑石——最软的矿物..07

第三章　石膏——建材生力军..16

第四章　方解石——因敲击而得名...24

第五章　萤石——会发光的矿物..33

第六章　磷灰石——农作物的好朋友..41

第七章　正长石——最主要的造岩矿物之一...49

第八章　石英——魅力水晶..55

第九章　黄玉——托帕石...64

第十章　刚玉——红宝石、蓝宝石...71

第十一章　金刚石——最硬的矿物...84

参考文献..91

第一章
绪论——十个摩氏硬度分级矿物

　　硬度是物理学的专业术语，指物体抵抗外界入侵的能力，是比较物质软硬程度的指标。我们知道，海绵里的水轻轻一挤压就能出来，而淋湿的木头内的水就挤压不出来了，这是用"压"的方法来比较硬度；在海边或江湖岸边的沙滩上，可以用手指在上面写字、画画，这说明堆在一起的细沙子可以被手指划动，而手掌大小的河卵石很硬，连小刀都划不动，这说明河卵石的硬度大于小

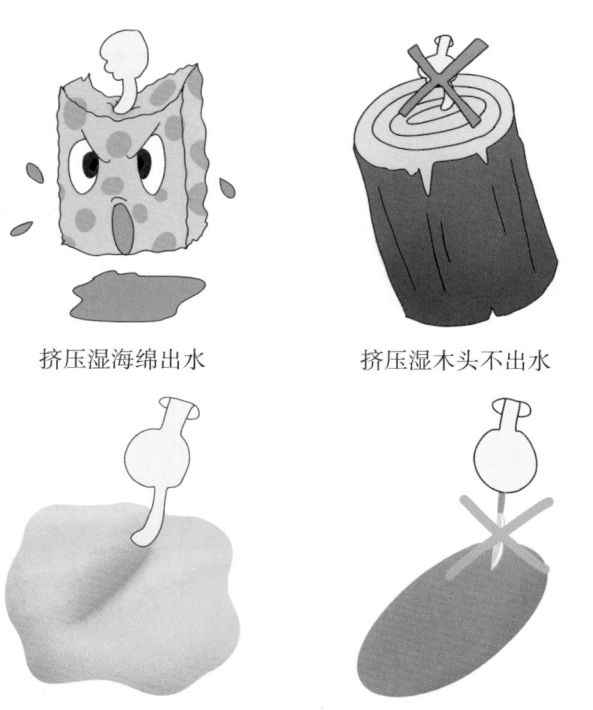

挤压湿海绵出水　　　　　　挤压湿木头不出水

手指可以在沙子上划写　　　小刀在河卵石上划不动

刀,这是用"划"的方法来比较硬度了。

一个小铁球从相同的高度自由落下,落在钢板上反弹的高度大于落在木板上反弹的高度,说明钢板比木板弹力好,也可以理解为钢板比木板"硬",这是用反弹的方法比较硬度。

由上可知,比较硬度的方法有刻划、压入和反弹等。摩氏矿物硬度属于刻划硬度。

德国矿物学家腓特烈·摩斯(Friedrich Mohs)在1822年建议,使用划痕来衡量矿物的硬度,他取了自然界常见的十种矿物作为标准,将硬度分为1到10十个等级,建立了摩斯硬度标准(Mohs Hardness),被称为摩斯硬度计(又称摩氏硬度计)。摩氏矿物硬度分级在矿物学及宝石学上都应用广泛。

我们一起通过下表来看看选出来作为1到10硬度的标准矿物都是什么,以及手指甲和常见的小刀的硬度都是多少吧。

摩氏硬度矿物及手指甲、小刀硬度对比

摩氏硬度分级	物质名称	卡通形象
1	滑石 (talc)	
2	石膏 (gypsum)	

续表

摩氏硬度分级	物质名称	卡通形象
2.5	手指甲	
3	方解石 (calcite)	
4	萤石 (fluorite)	
5	磷灰石 (apatite)	

续表

摩氏硬度分级	物质名称	卡通形象
5.5	小刀	
6	正长石 (orthoclase)	
7	石英 (quartz)	
8	黄玉 (topaz)	

续表

摩氏硬度分级	物质名称	卡通形象
9	刚玉 (corundum)	
10	金刚石 (diamond)	

为了方便记住摩氏硬度所对应的十个矿物，人们编出来一个口诀："一滑二石三方解，四萤五磷六正长，七英八黄九刚玉，十度最硬是金刚"。20世纪50年代，地质专业野外工作者记述矿物硬度的口诀是："滑、石、方、萤、磷、正、石、黄、刚、金"，十个字代表十种矿物，简单顺口易记。

值得注意的是，摩氏硬度值并非矿物的绝对硬度值，而是以滑石为1比较得到的相对硬度，比较粗略。就拿硬度分别为1、9、10的滑石、刚玉和金刚石来说，经显微硬度计测得的绝对硬度，金刚石为滑石的4192倍，刚玉是滑石的442倍，可见不同级别的硬度并不是呈一定倍数增长的。摩氏硬度的应用主要是刻划比较，比如说：某种矿物能在正长石上刻出划痕而不能在石英上刻出划痕，那么其硬度介于正长石和石英之间，摩氏硬度值在6～7之间。

十个摩氏硬度矿物卡通家族

第二章
滑石——最软的矿物

滑石是目前发现的硬度最低的矿物！用我们的手指甲都能在它的表面留下划痕，它是人类最早利用的非金属矿物之一，由于质软光滑且具很强的滑腻感而得名。

卡通滑石

滑石的样子

滑石属于层状结构矿物，单晶呈板状，但单晶体很少见，常见有致密块状、片状或鳞片状集合体。

块状滑石

黑滑石

纯净的滑石常呈白色、灰白色，但会因含有其他杂质而带有各种颜色，因此呈现出浅黄、浅粉、浅绿及浅褐等色泽；滑石中含有大量有机质呈现黑色者，称黑滑石（邵厥年等，2010）。

个性特征

滑石质软细腻，富有滑润感、抗黏，有极高的分散性；半透明或不透明，具玻璃光泽、蜡状光泽，解理面呈珍珠光泽晕彩，致密块状的滑石断口呈贝壳状。由于其硬度很低，用指甲就可以在滑石上留下划痕，也可以轻易地刮下滑石粉末。

从左侧矿物标本上可明显看到一道道的划痕

滑石上的划痕

作为层状结构矿物，滑石具有一组极完全解理，晶体结构非常松散，受摩擦很容易破碎。滑石闻起来没有味道，置于水中不崩散；耐酸性能较高，在水、稀盐酸或稀氢氧化钠溶液中均不溶解；绝热及电绝缘性强，熔点高、化学性质不活泼，具微凉感；对油类物质有强烈的吸附性，但无吸湿性。

在应用滑石的物理性质时，选择色白、整洁及无杂质的滑石效果会更好

滑石的形成

　　富含镁的矿物如白云石、橄榄石、顽火辉石、透辉石等矿物在地下经热液蚀变，发生物理、化学变化后形成滑石，因此滑石属于一种蚀变矿物。

　　作为一种具层状构造的含水镁质硅酸盐矿物，滑石可以由热水溶液和岩石中的镁和硅化合而成。比如白云石，在富含"硅"元素的高温和热液条件下，主要成分就可能逐渐转变，发生成分重组，最终形成滑石。

　　不仅仅是白云岩，其他像橄榄岩、蛇纹岩等含镁硅酸盐的岩石，也会在类似过程中发生成分重组，向滑石转变，且可能保留橄榄石、辉石等的晶形假象。所以滑石经常与透闪石、直闪石、叶蛇纹石及镁质碳酸盐矿物共生。

白云岩

滑石组成的岩石

　　滑石组成的岩石主要为变质岩，当岩石中主要矿物由滑石组成（含量介于30%～70%之间），具有片状构造的称为滑石片岩，具有块状构造的则称为滑

滑石片岩

石岩。比较常见的有滑石片岩、滑石绿泥石岩、菱镁滑石片岩等。

滑石矿产分布及矿床类型

　　滑石是一种非金属矿产。中国滑石矿资源比较丰富，全国15个省（区）有滑石矿产出。从探明滑石矿产资源的省（区）分布看，以江西最多，占全国的30%；辽宁、山东、青海、广西等省（区）次之。滑石矿矿床类型主要有碳酸盐岩型和岩浆热液交代型。

江西省广丰县杨村黑滑石矿（左）和岩心（右）

鲕状滑石

　　江西省广丰县杨村黑滑石矿位于江西省上饶市，处于江西、福建、浙江三省交汇处，属江西省广丰县吴村镇管辖。滑石储量达上千万吨，属沉积变质矿床，是世界上超大型滑石矿之一，自2011年以来一直在开采中。

　　矿体主要赋存于新元古界灯影组硅质白云岩、（假）鲕状硅质页（灰）岩中，受地层展布和北东向构造控制，呈层状、似层状，矿石为含滑石假鲕状硅质岩、滑石质假鲕状角砾硅质岩、假鲕状滑石岩等。

片状滑石

滑石的用途

♪ 作雕刻原料

早在原始社会时期古人类就将滑石雕刻成艺术品，现今它仍是雕刻作品的原料。这些雕刻作品具有颜色美观、光泽似玉等诸多优点。在辽宁东沟后洼屯发掘出的滑石雕刻品，距今已有五六千年之久，有头上披发、深目大口、肃穆威严的人像；

有人鸟合一刻品，正面刻画缠发、瞋目、龇牙的人面，背面浮雕为鸟纹，据学者推测为图腾。滑石因为质地太软，制成摆件不够结实，因而古代的滑石雕刻，大多作为冥器（随葬品）保留至今。

辽宁东沟后洼屯出土的半身人像临描

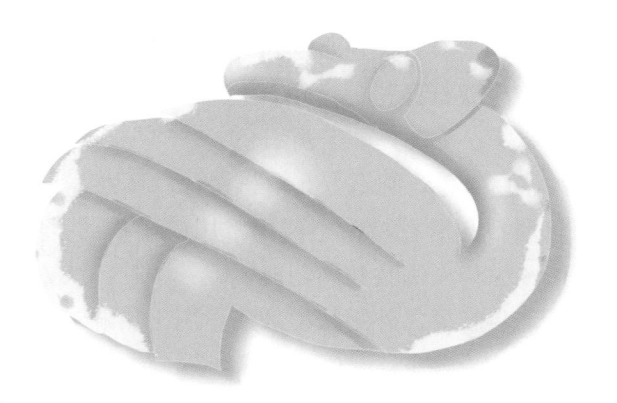

辽宁东沟后洼屯出土的人鸟合一雕刻品背面临描

现代的滑石雕刻仍具有一定市场，也有很多滑石雕刻的技艺流传至今。比如山东省莱州市的滑石雕刻，在中国滑石雕刻工艺品中有着重要的地位，此地是北派滑石雕刻工艺的发祥地，有着悠久的历史和厚重的艺术沉淀，莱州市滑石雕刻还是国家级非物质文化遗产。不同于应用物理属性的滑石，用于雕刻工艺的块状滑石，杂质是有用组分，杂质可以致色，在滑石中形成不同的颜色，可以起到美化雕刻品的作用。

♪ 医学应用

滑石始载于《神农本草经》："主身热泄澼，女子乳难，癃闭，利小便，荡肠胃积聚寒热，益精气。"可单用入方，可内服，可外用，功多效广，被列为上品（毕丽叶等，2017）。对药用滑石的来源及药性认识在《雷公炮炙论》中有记述："有白滑石、绿滑石、乌滑石、冷滑石、黄滑石。其白滑石如方解石，色白，于石上画有白腻文，方使得。滑石绿者，性寒，有毒，不入药中用。乌滑石似鼠色，画石上有青白腻文，入用妙也。黄滑石色似金，颗颗圆，画石上有青黑色者勿用，杀人。冷滑石青苍色，画石上作白腻文，亦勿用。若滑石色似冰，白青色，画石上有白腻文者，真也。"

白滑石

滑石和滑石粉为中药中常用的矿物药，收载于历版《中国药典》，2015年版《中华人民共和国药典》载："甘，淡，寒。归膀胱、肺、胃经。利尿通淋，清热解暑，外用祛湿敛疮。用于热淋、石淋、尿热涩痛、暑湿烦渴、湿热水泻；外治湿疹、湿疮、痱子。"

♪ 制作滑石笔

滑石可在较粗糙的物体表面刻画留下白色痕迹，人们据此制作了滑石笔。

因滑石具有耐高温的特性，其留下的痕迹也耐高温，火烤不会褪色，而且它的划痕也比石膏制成的普通粉笔要清晰、不损伤物体表面，因而被广泛应用于电焊切割划线、记录等工业领域。

有时滑石笔也用于普通墙面、黑板面、地面的书写，但因其生产成本较高，目前还不能广泛地代替粉笔在黑板上写字。

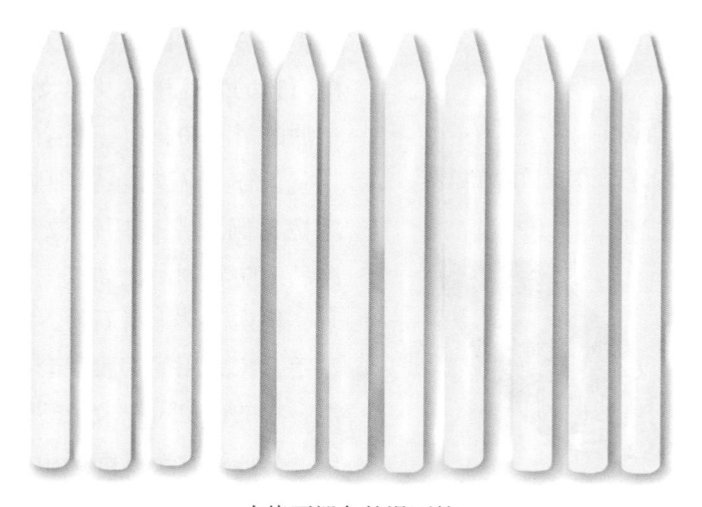

火烤不褪色的滑石笔

除上述外，滑石还有很多其他的应用途径，比如橡胶工业中用作填料，纺织工业中用作漂白剂，冶金工业中用作耐火材料，也可作润滑剂、杀虫剂等。

♪ 制作滑石粉

滑石受摩擦很容易破碎，又具有润滑的效果，因此常被磨成滑石粉，广泛应用于许多方面。滑石粉会因用途不同而制成不同的规格，包括化工级、陶瓷级、化妆品级、医药食品级等。

滑石粉是化妆品行业中各种润肤粉、美容粉、爽身粉等的优质填充剂。其具有极高的分散性及对油类有强烈的吸附性（常丽华，2006），可以用来美化色泽、改善触感，并且由于滑石含有大量的硅元素，具有阻隔红外线的作用，能够增强防晒和抗红外线的性能。但由于滑石是天然矿石，可能会混有石棉，若被吸进肺中会影响健康。因此，欧盟要求所有含有滑石粉的婴儿用品及化妆品均必须使用过滤的滑石粉，以免混杂有石棉。

滑石粉是化妆品行业中优质的充填剂

由于滑石粉触感细腻，可以减小摩擦，因此常被用作橡胶填料和橡胶制品的防黏剂。比如医生和电工用的手套，将内面抹上滑石粉，戴起来就不易黏手；家庭用的塑胶手套，在内部涂抹滑石粉的话也可以避免塑料因老化而黏结，从而延长手套的使用寿命。

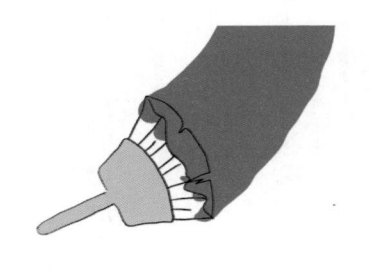

陶瓷方面的应用，主要是用于制造高频瓷、无线电瓷、各种工业陶瓷、建筑陶瓷、日用陶瓷和陶釉等，适量的应用滑石粉可以使陶瓷在高温下不变色、煅烧后白度增强、密度均匀，制作出的成品光泽好、表面平滑。

滑石粉可以用作油漆充填剂

化工上，滑石粉可以用作塑料的强化改质充填剂，改善制品的刚性、尺寸稳定性、润滑性，减少对成型机械的磨损，改善塑料的成型收缩率、成型工艺、制品的弯曲弹性模量及拉伸屈服强度等。

　　滑石粉用作造纸的填料，可使纸张坚固洁白、细腻平滑，增加不透明度和亮度，增强对油墨的吸附能力。滑石粉在造纸的涂料和树脂控制剂方面，对颜料有较强的固着力，光泽度好，使彩色印刷品获得良好的色彩效果。另外由于滑石的凹面磨耗值很低，对造纸设备和印刷设备磨损甚小，提高了设备的使用寿命。滑石粉已成功地用于废纸脱墨工艺中，可有效地使废纸在浮选和洗涤中脱墨。

滑石粉在造纸行业有显著优点

第三章
石膏——建材生力军

一般所说的石膏包括两种：生石膏和硬石膏，它们都是硫酸钙（$CaSO_4$）矿物，但在化学组成上有所区别。在摩氏硬度矿物中，硬度为2的石膏是指生石膏，又称二水石膏，它在我们生活中的应用比硬石膏更为广泛。

卡通石膏

石膏的样子

自然产出的石膏晶体常呈板状、片状，晶面上常具纵纹，也常见双晶，一种是加里双晶或称燕尾双晶，另一种是巴黎双晶或称箭头双晶。

板状石膏

石膏集合体

石膏集合体多呈致密块状或纤维状。细晶粒状块体称为雪花石膏，纤维状的集合体称为纤维石膏，由扁片状晶体形成的似玫瑰花状集合体较少见，此外

纤维状石膏集合体（冯俊岭摄）

玫瑰花状石膏

还有土状、片状、针状集合体。

　　石膏颜色通常为无色或白色，无色透明晶体称为透石膏，有时因含其他杂质而呈现灰色、淡红色、浅黄色、浅褐等色。

个性特征

　　石膏一般为透明到半透明，具玻璃光泽，解理面为珍珠光泽，纤维石

石膏集合体

膏则呈丝绢光泽；具一组极完全解理，断口为贝壳状，有时呈纤维状；薄的石膏片具弯性但不具弹性，性脆。

　　石膏硬度低，用指甲就能在上面留下划痕，条痕为白色；易纵向断裂，手捻能碎；有淡淡的土腥气味；微溶于

石膏集合体

水，遇盐酸不起泡，据此可与碳酸盐相区别；具优良的隔音、隔热和防火性能。

石膏晶簇

石膏的形成

在干燥气候条件下，在闭塞海湾和盐湖中产生化学沉积作用，一般总是石膏先沉淀，然后是硬石膏，最后是硫酸类盐等沉淀。因此，石膏主要为化学沉

褐色石膏集合体

积作用的产物，常形成巨大的矿层或透镜体，在石灰岩、红色页岩和砂岩及黏土岩层之间，与硬石膏、石盐等矿物共生。

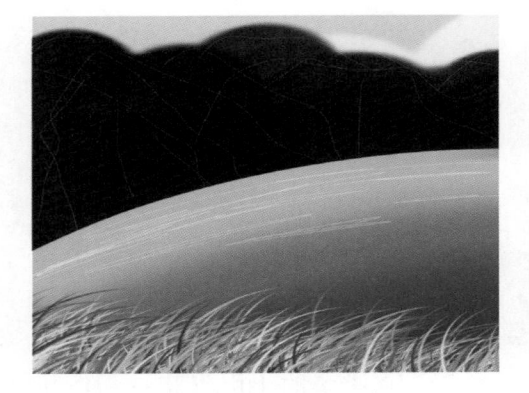

盐湖中一般石膏先沉淀

在硫化矿床氧化带中，原生硫化物被氧化形成硫酸，与周围沉积的石灰岩作用，也可以生成石膏，在石灰岩中呈薄层产出，多出现在氧化带下部及原生矿物带上部裂缝中；干旱地

区岩石风化也可以产生石膏，在地面形成白色盐华状石膏沉积，我国西北地区常见这种现象；某些热液矿脉中亦可出现石膏，但较少见，通常存在于低温热液硫化物矿床中。

总的来说，石膏以沉积型为主，后生型和热液脉、火山熔岩孔洞形成的热液交代型石膏少见。

石膏类型

根据石膏的颜色、形态、成分等可以分为五类。

透明石膏：片状结晶，无色透明，有时略带浅色，呈玻璃光泽。

纤维石膏：纤维状结晶，丝绢光泽。

雪花石膏：细晶块状，白色半透明。

普通石膏：致密粒状，不纯净，光泽较暗。

透明石膏（张华川摄）

普通石膏

雪花石膏

土石膏：有黏土混入物，不纯净，光泽黯淡，呈土状。当黏土物质含量大于15%时，称泥膏。

石膏矿产分布

我国盛产石膏，资源丰富，分布广泛，已探明各类石膏储量居世界首位。从地区分布看，山东石膏矿最多；其次为内蒙古、青海、湖南，还有湖北、宁夏、西藏、安徽、江苏、山西、贵州和四川等地产石膏。

内蒙古产石膏晶簇（张华川摄）

我国石膏矿床中88%为单一矿产，仅产出石膏一种矿物。优质纤维石膏主要分布于湖北应城和荆门、湖南衡山、广东三水、山东枣庄等地。

石膏的用途

♪ 医药

石膏是一种常见的、有着重要用途的硫酸盐矿物。我国是世界上较早利用石膏的国家之一，秦汉时期的《神农本草经》中就有石膏的发现与利用的记载。

据明朝李时珍《本草纲目》第九卷记载，"石膏亦称细理石，又名寒水石，主治中风寒热，有解肌发汗，除口干舌焦，头痛牙疼等功能。乃祛瘟解热之良药"。据中医理论和经民间使用证明，天然石膏枕具有降压护脊、除烦镇痛、助眠安神等多种功效。中医现在仍将石膏用于治疗外感热病、肺热喘咳、头痛、牙痛等。生石膏经过煅烧、磨细可以得到熟石膏，可作外用，骨折时用于固定伤处。

石膏固定骨折时的伤处

♪ 食品化工

唐代以后，湖北房县、山西灵石、甘肃蒙阴和陕西汉中等地，就陆续开采石膏，将其用作药物和制作豆腐的凝固剂等。至今石膏仍是制作豆腐的凝固剂，做出的豆腐被称为石膏豆腐，又叫南豆腐，色泽洁白，质地细腻、软嫩，富含蛋白质，营养价值高。相

石膏点豆腐，取其能收敛也

石膏工艺品

较于卤水豆腐，石膏豆腐更加细嫩、软糯。

石膏磨成粉还可以作为农业肥料，用来调节土壤的酸碱度；在食用菌栽培时用作钙、硫复合矿物肥料，调节培养基的酸碱度。

♪ 工业材料

石膏作为重要的工业原材料，广泛用于建筑、建材、工业模具和艺术模型、硫酸生产及化妆品、牙膏、食用填料等众多领域。

在学素描画画的时候，那些展示出来的模型很多都是以石膏为主要成分制成的

♪ 建筑材料

石膏是生产石膏胶凝材料和石膏建筑制品的主要原料，多用于制造水泥、建筑装饰材料等。以建筑石膏为主体的建筑材料，是公认的绿色建材、生态建材，受到建材业越来越多的关注。

石膏及其制品的微孔结构和加热脱水性，使之具优良的隔音、隔热和防火性能。建筑石膏可用来生产粉刷石膏、抹灰石膏、各种石膏墙板及石膏砌块等建筑工程材料。

石膏板建筑制品是一种质量轻、强度较高、厚度较薄、加工方便以及隔音绝热和防火等性能较好的建筑材料。种类有纸面石膏板、装饰石膏板、石膏吸音板、石膏空心条板和石膏砌块等，主要用作各种建筑物的内隔墙、天花板、吸声板和地面基层板等。

石膏吊棚和石膏线（冯俊岭摄）

装饰石膏制品主要有浮雕板、吸声用穿孔石膏板、防潮孔板、嵌装式装饰板及石膏线、角花、壁炉、灯座和罗马柱等。

第四章
方解石——因敲击而得名

方解石是生活中常见的一种矿物，它的成分是碳酸钙（$CaCO_3$），分布极为广泛，晶体的形态也多种多样，其摩氏硬度为3，用指甲已经不能在方解石表面留下划痕。

卡通方解石

方解石的样子

方解石名字的由来与它的性质有关，它在受到敲击时，可以形成很多方形碎块，故而得名。李时珍在《本草纲目》中就曾这样写道："其似硬石膏成块，击之块块方解，墙壁光明者，名方解石也"。

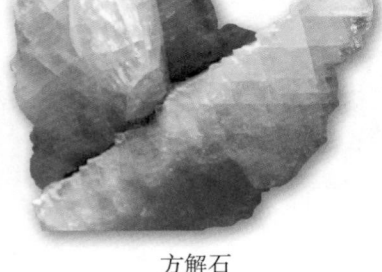

方解石

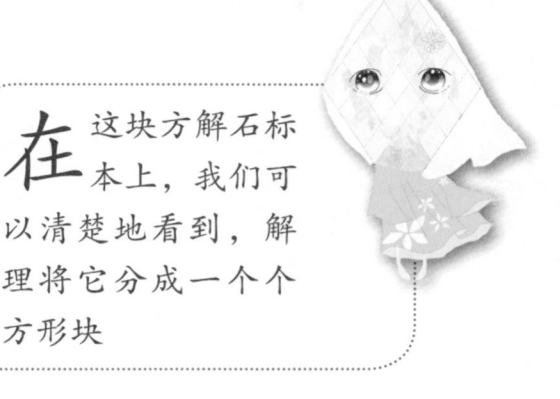

在这块方解石标本上，我们可以清楚地看到，解理将它分成一个个方形块

方解石完好晶体常见，形态多样，不同聚形达600余种（唐洪明等，

2007）。主要有六方柱状、片状及各种形态菱面体、复三方偏三角面体。集合体形态也是多种多样，以致密块状、不规则粒状、板状、纤维状、块状、土状、多孔状、钟乳状为主，还有鲕状、豆状、结核状、葡萄状、球粒放射状、被膜状及晶簇状等。

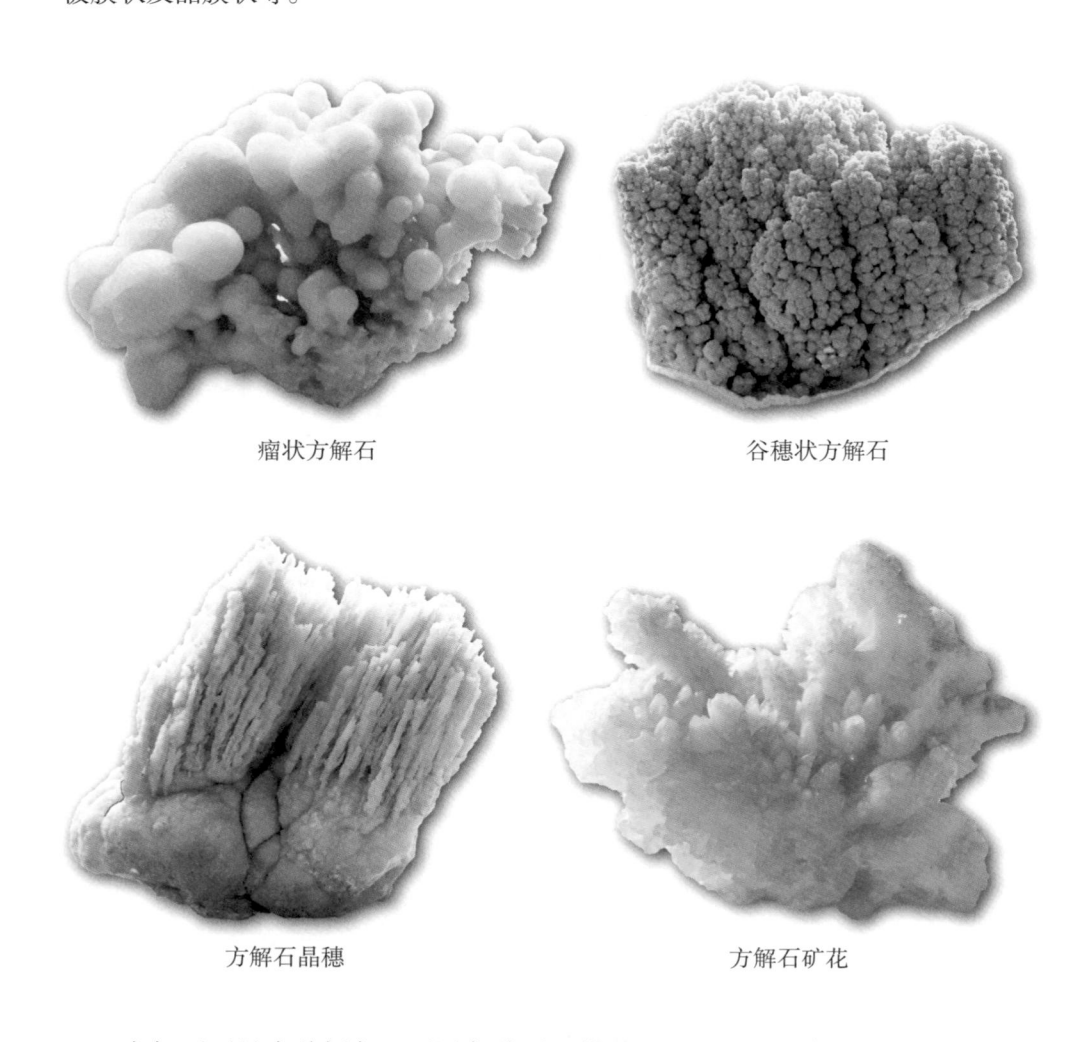

瘤状方解石　　　　　　　　　　　　谷穗状方解石

方解石晶穗　　　　　　　　　　　　方解石矿花

　　方解石可具多种颜色，可因各种混入物而呈现不同的颜色，常见方解石为白色、无色或浅黄色，还有灰色、黄色、浅红色、绿色或蓝色等。

褐黄色方解石

钴方解石

个性特征

　　方解石具玻璃光泽，透明至不透明均有，硬度和密度均较小，小刀划有痕且为白色，受应力可沿三个不同方向劈开，菱面解理完全，断面呈贝壳状，滴冷盐酸会剧烈起泡。

方解石

　　无色透明的方解石又叫冰洲石，具有奇特的"双折射性"，透过它可以看到物体的双重影像。它是目前人工制造不能代替的自然晶体，更是重要的光学材料。

方解石单晶

冰洲石的双折射性（唐开疆提供）

板状、片状近平行连生者为层解石，纤维状集合体为纤维方解石。

方解石的形成

方解石是钙质岩石的主要矿物，广泛分布于自然界中。主要在沉积作用中形成，以地表沉积岩（石灰岩）最多。

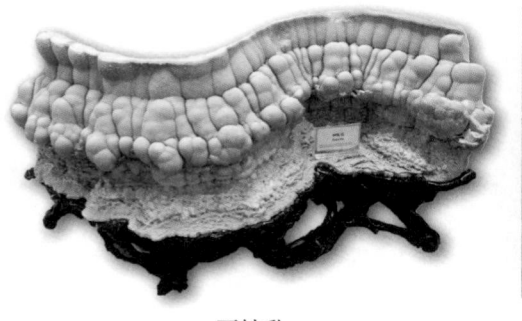

石钟乳

片状方解石与石英共生

如在浅海或湖泊中沉积形成的石灰岩层、鲕状灰岩等；地下水溶蚀石灰岩重新形成的方解石，即石钟乳、石笋、石灰华等；碎屑沉积岩的钙质胶结物，也是方解石存在的一大特色。

斜方砷铁矿（左）与方解石（右）

黄方解石

中、低温岩浆热液活动常形成含矿或不含矿的方解石脉，火山岩晶洞及杏仁体中方解石的晶体较好。方解石还可以是各种含钙质矿物的蚀变产物，如方解石交代长石、黑云母、角闪石、辉石、橄榄石而成为它们的假象。岩浆型方解石，为岩浆成因的碳酸岩和碳酸盐熔岩的主要矿物，常与白云石、金云母等共生。

方解石集合体

方解石花

方解石晶簇

方解石集合体

方解石集合体

在区域变质或接触变质作用中，方解石常常重结晶形成晶粒比较粗大的方解石集合体——大理岩，也是一些钙质片岩、片麻岩的组成矿物之一。

大理岩   白云质灰岩

方解石的分布

方解石是地球上最重要的造岩矿物之一，占地壳总量的40%以上，在世界各地均有分布，种类繁多，晶体美丽。

灰岩、白云质灰岩等碳酸盐岩中的方解石经后期改造重结晶而成矿。按成因不同方解石矿床分为热接触变质矿床和低温热液矿床两种；按照储量，大于1000万吨的为大型矿床，小于200万吨的为小型矿床，介于这两者之间的就是中型矿床了。

　　我国的方解石主要分布在广西、江西、安徽和湖南一带，其中广西和安徽方解石查明的基础储量占全国总量的82%。华北、东北的方解石，常伴有白云石，纯度偏低。

方解石的用途

♪ 展现自然风光

　　方解石在自然界常见有良好的晶形，是石灰岩和大理岩以及大部分石钟乳、石笋、石柱和石幔等的主要成分，形成多姿多彩的自然景观，如鬼斧神工。

云南石林　　　　　　　　　　贵州溶洞内的石钟乳（冯俊岭摄）

♪ 工业用方解石

　　石灰岩中方解石隐晶质集合体，是制造水泥和石灰的主要原料，还可用作冶金工业的熔剂。

　　方解石是深加工系列产品的重要原料，是生产塑料、尼龙的填充剂和改性剂，在橡胶、造纸和涂料生产中

方解石集合体

可作填料，也用作食品添加剂，还应用于饲料、油墨、胶粘剂等行业生产中。

♪ 药用

方解石是蒙医学最常用的矿物药，蒙古名额热－仲西、泡仲、楚鲁内－通嘎拉克（王欢等，2014）。《认药白晶鉴》称："状如残马牙，坚硬而重，质如脂，色浅者称为雄壮西"。"雄壮西"即雄性壮西，为蒙医古籍中收载的五种壮西之一种。《无误蒙药鉴》谓："雄壮西不管怎样砸碎，粒粒大小皆四方，状如光明盐且坚硬，有玻璃样光泽者质佳，状如石英者质次"。

方解石在蒙医药中称雄壮西

方解石

方解石味辛，性平、涩；有祛巴达干热、止吐、止泻、消食、解毒、破痞、滋养、消肿、接骨、调和体素之功效（王欢等，2014）。主要用于胃溃疡等消化系统疾病；蒙医临床上根据不同需要将其在水、爱日格(酸奶汁)、白酒、鲜牛奶中煅淬炮制后应用（布和巴特尔等，2008）。

♪ 作玉石原料

方解石色彩丰富、晶簇奇异，常被赏石者收藏。由于方解石硬度较小（只有3），耐磨性差，不适宜切磨制作成宝石戒面。优质的方解石集合体常制作成雕件，颇受海内外客商青睐。

方解石集合体乃是美丽的大理岩，在中国古代就用来制作石阶和护栏，被

钟乳石（雾雪苍松）

称为"汉白玉"，是故宫、天坛、颐和园等皇家园林的建筑和装饰材料，所谓"玉砌朱栏"指的就是它了。

天坛汉白玉栏杆和石雕（冯俊岭摄）

"阿富汗玉"兔临描

　　我国云南大理所产的条带状大理石闻名于世，其间的条带有黑色、绿色和不同的形状，构成了一幅幅形象逼真的山水画，成为上等装饰材料。其中，有一种大理石质地细腻，透明度较高，市场上俗称"阿富汗玉"，白色的品种经常用来仿白玉（张蓓莉等，2006）。

第五章
萤石——会发光的矿物

卡通萤石

萤石的主要化学成分是氟化钙（CaF_2），又被称为氟石。其由于在紫外线、阴极射线照射下可以发出荧光而得名。它是自然界约120种卤化物中最有工业价值的矿物之一，摩氏硬度为4。

萤石的样子

萤石晶体常呈立方体、八面体，少数有菱形十二面体，有时见四六面体和六八面体等；集合体呈晶粒状、致密块状、晶簇状或球状，偶见土状等。

萤石单晶

萤石

石英

球状萤石

自然界中的萤石颜色鲜艳且多样，常呈绿色、紫色或无色，还有蓝色、白色、红色、黄色、紫黑色及黑色等，常有多种颜色共存于一块萤石之上，构成多姿多彩的图案。

浅绿色萤石　　　　　　　　　　　无色萤石

萤石颜色的多样性既与混入物有关，也与成矿温度有关，成矿温度由高至低时依次出现紫色—淡蓝色—绿色

个性特征

萤石透明至半透明，玻璃光泽；质脆，易划，条痕呈白色，密度轻；甘、涩、无毒，不易溶于水，不导电。萤石有四组完全解理，解理面常出现三角形的解理纹。

萤石在阴极射线或紫外光照射下，可有紫或紫红色荧光，随不同品种而异，一般具很强烈的荧光。某些

绿色萤石集合体

萤石有热发光性，即在受热的情况下可发出磷光。紫色萤石还具有摩擦发光的特性。

所谓磷光，就是当入射光停止入射后还可以持续发光的现象，也就是在黑暗中能发光

萤石变种有钇萤石、铈萤石、铈钇萤石或稀土萤石，萤石中偶尔还含铀。含稀土元素的萤石经过太阳光照射或经过烘烤后，会在黑暗中释放光芒，用它磨制的石珠，称为"夜明珠"。

萤石的形成

萤石一般为热液成因。若岩浆中含有较多的氟成分，则岩浆在沿裂隙上升的过程中，由于温度降低，压力减小，氟离子与钙离子结合，形成氟化钙，也就是萤石。

铈萤石矿石（张华川摄）

萤石还见于交代蚀变岩中，如在云英岩化或黄玉化的花岗岩、花岗伟晶岩中可见，

绿色萤石与无色石英、浅黄—黄色方解石共生

在正长岩、碱性岩中也较常见。

沉积岩中也可形成萤石，主要见于碳酸盐岩层中，与石膏、硬石膏、重晶石、方解石和白云石等共生。有时隐晶质的萤石分布于碳酸盐岩层间，使整个夹层染为紫色，称为土状萤石。萤石也可作为碎屑物或胶结物产于砂岩中。

萤石与白云石共生

暗绿色萤石集合体

萤石矿产分布

我国拥有丰富的萤石资源，是世界上萤石矿产最多的国家之一，主要产于湖南东南部的郴州一带，此外浙江、福建、江西、广东、内蒙古、河北、广

湖南产萤石

蓝紫色萤石

西、湖北、贵州等地也有萤石产出。

"世界萤石在中国，中国萤石在浙江，浙江萤石在金华，金华萤石在武义。"长久以来，武义号称"萤石之乡"，这已经成为萤石业内的共识。

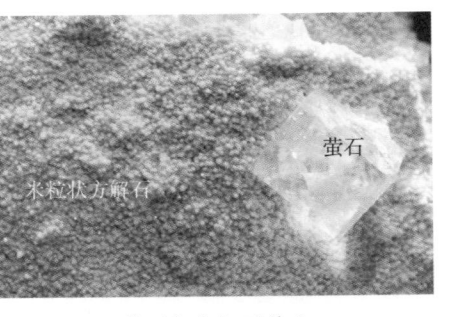

萤石与方解石共生

比较著名的萤石产地还有江西省德安县萤石矿、河北省平泉县杨树岭萤石矿、内蒙古自治区化德县秋灵沟萤石矿、安徽省广德县萤石矿、山东省蓬莱市氟石矿等。

浅紫色萤石

蓝色萤石

萤石的用途

人类对萤石资源的开发与利用具有悠久的历史。早在古罗马时代，人们就用萤石来雕刻杯、碗、瓶等装饰品。在中国，7000年前的浙江余姚河姆渡人就已经开始选用萤石做装饰品了。

萤石制作的宝石

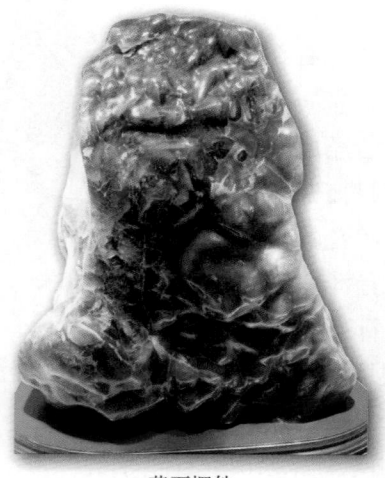

萤石摆件

♪ 宝石材料

颜色鲜艳、晶形好的萤石晶体或晶簇可作观赏石，无色透明者还可用作光学仪器。色泽鲜明的萤石，可作美术工艺品，多用来制作珠粒、球体和雕件等。

萤石晶簇

萤石手链临描

具有磷光效应的萤石，常被人们作为"夜明珠"收藏，自古以来一直被视为珍宝。据史书记述，夜明珠古称"随珠"、"悬黎"、"垂棘"、"夜光璧"、"明月珠"等，曾与著名的"和氏璧"相提并论，同曰"天下名器"（王玉信，2013）。

在《庄子》、《墨子》、《淮南子》、《史记》等书中记载有"隋珠"。其故事十分有趣，千古流传。说的是：东周列国时，有一个诸侯小国叫隋国，国君隋侯一次郊游时，在一个土丘上见到一条大蛇，蛇受伤很重，疼痛难熬，垂死挣扎。隋侯起了怜悯之心，为蛇熬药裹伤。蛇痊愈后，为了报答救命之恩，衔来一颗晶莹美妙的夜明珠送给隋侯。后来人们称这颗夜明珠为"隋珠"，也称"明月珠"、"灵蛇珠"（钟华邦，1996）。

据说，夜明珠在夜间能发出如同白昼的光，可以避邪，它是财富和权力的象征

萤石夜明珠

♪ 化工行业

萤石是氟化工行业唯一的原料，一个重要用途是生产氢氟酸。在制铝工业中，氢氟酸用来生产氟化铝、人造冰晶石、氟化钠和氟化镁；在航空、航天工业中，氢氟酸主要用来生产喷气机液体推进剂、导弹喷气燃料推进剂；氢氟酸与四氯化碳反应制成氟利昂（通常以F表示）。氟利昂除作为冷冻剂外，还广泛用于喷雾剂、灭火剂、氟塑料等（宋忠宝等，2005）。

在医药方面，氟有机化合物还可以制造含氟抗癌药

萤石集合体

块状萤石

物、含氟可的松、含氟碳人造血液。在无机氟化工业中，可以生产杀虫剂、防腐剂、防护剂、添加剂、助熔剂和抗氧化剂等（宋忠宝等，2005）。

♪ 工业利用

在水泥生产中，萤石作为矿化剂加入，能降低炉料的烧结温度，减少燃料消耗。在玻璃工业中，作为助熔剂、遮光剂加入，能促进玻璃原料的熔化。在陶瓷工业中，萤石能在瓷釉生产时起到助色和助熔作用。

黄铁矿与萤石共生

萤石是炼钢的助熔剂，被广泛应用于钢铁冶炼及铁合金生产、化铁工艺和有色金属冶炼。它具有能降低难熔物质的熔点，促进炉渣流动，使渣和金属很好分离，在冶炼过程中脱硫、脱磷，增强金属的可锻性和抗张强度等特点。

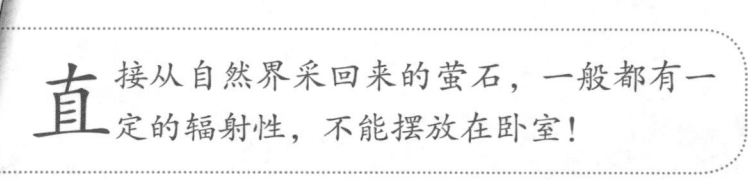

直接从自然界采回来的萤石，一般都有一定的辐射性，不能摆放在卧室！

萤石为均质矿物，光学性质各方向相同，光波传播时，其振动特点和方向基本不改变，光学用之可制成无球面像差的光学物镜、光谱仪棱镜和辐射紫外线及红外线的窗口材料。

第六章
磷灰石——农作物的好朋友

磷灰石是一系列磷酸盐矿物的总称，它们有很多种，其中氟磷灰石最常见，我们一般所说的磷灰石就是指它，摩氏硬度为5。

磷灰石的样子

卡通磷灰石

磷灰石为长短不一的六方柱、厚板状或板状晶体，集合体多为粒状、致密块状或结核状。

磷灰石单晶（施光海摄）

磷灰石形态在不同岩石类型中有所不同：在火成岩和变质岩中，呈柱状及截面六边形的自形晶，为细微粒状、长柱状、枕状，两端可见锥面，有的呈针状包裹体；在沉积岩中，可呈粒状、球状、肾状、鲕状、钟乳状、土状和生物的骨骸形状等。

磷灰石纯净者无色，常因含杂质而成浅绿色、黄绿色、褐红色、浅紫色、黄色、蓝色、褐色等，含有机质则呈深灰色至黑色。

块状磷灰石集合体

个性特征

　　磷灰石透明，玻璃光泽，断口呈油脂光泽，解理不完全，断口不平坦，性脆，加热可出现磷光。

靛蓝色磷灰石（葡萄牙产）

氟磷灰石

　　天然磷灰石的成分变化较大，最常见的是氟磷灰石，羟磷灰石次之，还有氯磷灰石、碳磷灰石、胶磷矿、钍铈磷灰石（凤凰石）等。

磷灰石的形成

　　磷灰石在三大岩类中均有产出，是典型的贯通矿物。内生作用形成的磷灰石，产于岩浆岩、伟晶岩和火山岩中，在碱性岩及超镁铁质—镁质岩石中可大量出现，有的甚至成为有工业价值的矿床。

　　在区域变质岩中，氟磷灰石常与金云母、榍石、石榴子石、符山石等共生。

沉积作用形成的磷灰石常呈隐晶质集合体，称磷块岩。磷灰石是陆源碎屑物中常见的重矿物。

沉积岩中的磷灰石

磷灰石矿与分布

自然界中含磷矿物很多，但可以开采利用的不过几种。磷元素约有95%集中在磷灰石中，规模巨大的磷灰石矿主要为浅海沉积成因，以胶磷矿为主，我国湖北宜昌、云南昆阳、贵州开阳的磷矿都是这种成因。

磷矿石按其成因不同，可分为磷灰石和磷块岩，磷灰石以晶质磷灰石形式出现在岩浆岩和变质岩中；磷块岩则为外生作用形成，是由隐晶质或显微隐晶质磷灰石及其他脉石矿物组成的堆积体。我国磷灰石主要产于河北省、江苏省、湖北省、贵州省等地。

湖北省樟村坪磷矿的磷块岩（冯俊岭摄）

典型矿床

江苏锦屏磷矿位于江苏省连云港市海州区，发现于1919年，属浅海相沉积变质磷灰岩矿床，1956年扩建，为我国第一座大型磷矿，是全国29家重点化学矿山之一，被称为"中国化学矿山的摇篮"。

锦屏矿区侵入岩为武陵期混合花岗岩，构造形式较为复杂，总的特点是以褶皱构造为主，断裂构造次之。矿区出露地层为胸山组、锦屏组和云台组，含磷灰石矿层位出露的变质岩主要是片岩类，其中夹大理岩和石英岩。

混合花岗岩

砾石片岩

矿体呈层状、似层状，以赋存在锦屏组内为主，矿石类型有细粒磷灰岩、云母磷灰岩和锰磷矿。

片岩

片麻状片岩

石英岩

云母磷灰岩

细粒磷灰岩

　　锦屏组矿体有大小几十个，顶底板围岩和夹层多为白云质大理岩和云母片岩。

白云质大理岩

云母片岩

磷灰石的用途

磷矿在工业上的应用已有一百多年的历史。磷灰石是提取磷的原料矿物，含稀土元素时可综合利用，可用于农业、医药、食品、火柴、染料、制糖、陶瓷、国防等方面。

♪ 生物、农业

磷是生物细胞质的重要组成元素，也是植物生长必不可少的一种元素。磷灰石是磷肥的重要原料，中国的磷矿消费结构中磷肥占71%，磷肥对农作物的增产起着重要作用。

磷灰石是人与动物硬体(牙、骨、结石)部分的主要无机物，也是一种重要的生物材料。磷酸钙盐用于动物饲料添加剂，磷的有机衍生物用于医药。

♪ 工业应用

磷灰石是重要的化工矿物之一，是磷酸和化工产品的原料，用以提取黄磷（白磷）、赤磷、磷酸及其他磷酸盐，可以制造火柴、照明弹、曳光弹、信号弹、烟幕弹、纵火剂等。

氟磷灰石晶体是理想的激光发射材料。冶金工业中用于炼制磷青铜、含磷生铁、铸铁等。磷酸二氢铝胶材料耐火度高、耐冲击性好、耐腐蚀性强、电性能优越，用于尖端技术中。

♪ 珠宝

颜色和结晶好的磷灰石可作宝石或装饰材料，古代民间称磷灰石为"灵光"或"灵火"，传说人们佩戴它便可以使自己的心扉与神灵相通，因而受到人们的喜爱。

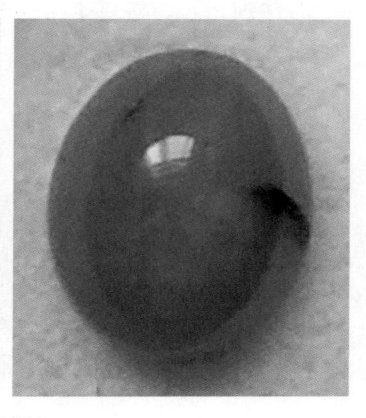

磷灰石制作的珠宝戒面（施光海摄）

宝石学上磷灰石是以颜色及是否具有猫眼等特殊光学效应来划分品种的，主要品种有蓝色磷灰石、绿色磷灰石、黄色磷灰石、紫色磷灰石、褐色磷灰石和磷灰石猫眼等。

黄色磷灰石（冯俊岭摄）　　　　　　磷灰石猫眼（冯俊岭摄）

第七章
正长石——最主要的造岩矿物之一

正长石因两组解理呈直角相交而得名，是自然界中分布最广的低温单斜碱性长石种属，为重要的造岩矿物之一，摩氏硬度为6。

正长石的样子

卡通正长石

正长石单晶呈短柱状、棱柱状或板状、厚板状、长条状，集合体多为不规则粒状、晶簇状、致密块状。

颜色以肉红色、浅玫瑰色、粉色、褐黄色或浅黄色、黄褐色为主，有时呈带浅黄的灰白色、灰色、白色或浅绿色。

钾长石的低温变种称为"冰长石"，成分较纯，含Or分子大于90%（常丽华等，2006），主要发育晶面为（110），显示菱形断面的特征，具曼尼巴律和巴温诺律双晶，有时具环带构造。

冰长石多为无色透明，少量乳白色，玻璃状。产于热液矿脉和低温交代变质带中，常与石英、蛋白石、方解石、重晶石及自然金、银等共生。

正长石集合体

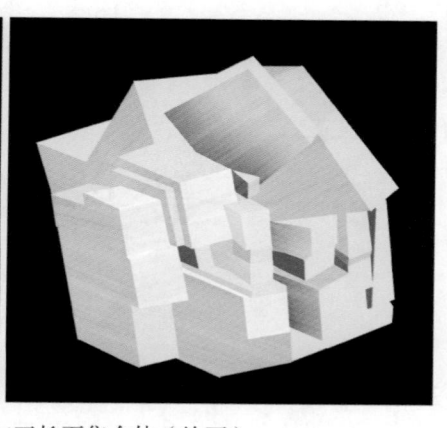

冰长石单晶与正长石集合体（绘画）

个性特征

正长石透明到不透明，玻璃光泽，解理面珍珠光泽，两组解理成90°，条痕呈白色，硬度较大，小刀已经刻不动了，断口不平坦，质地脆。最常见卡斯巴律简单接触双晶或穿插双晶，巴温诺律及曼尼巴律双晶少见。因含^{40}K而有放射性，但对人体伤害很小。

正长石单晶

正长石易于风化成高岭石（高岭土化），热液蚀变成绢云母（白云母）、绿帘石、方解石、叶蜡石等。

纯净的由钾长石分子组成的正长石很少见，经常含有钠长石分子，最高钠长石分子含量可达20%～50%，并常含少量铁、钡、钙、铷、铯等混入物，因此变种有钠－正长石、钡－正长石和铁正长石等。当钡长石分子含量达30%时，称钡冰长石。

正长石集合体

正长石

显微特色

正长石在显微薄片中无色，表面常因有分解物而变浑浊，呈尘土状，为泥化或高岭土化，在正交偏光下可观察干涉色，为一级灰—灰白色。常见有卡斯巴双晶，在正交偏光镜下，双晶的消光由一黑一白两部分组成。

正长石平行消光，与石英构成文象或蠕虫交生；与钠长石构成条纹或反条纹；有时含钠长石、石英、赤铁矿、云母等包裹体，包裹体常呈定向排列或带状分布。

正长石

斜长石

黑云母

正交偏光下的正长石卡斯巴双晶

正长石的形成

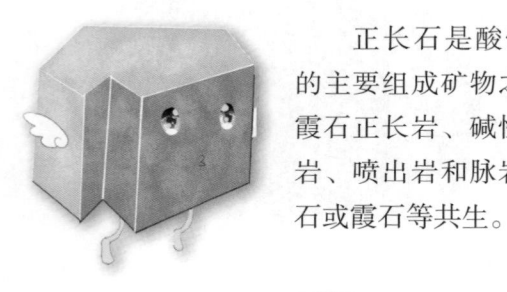

正长石是酸性、碱性岩浆岩和部分中酸性岩浆岩的主要组成矿物之一，产于花岗岩、正长岩、二长岩、霞石正长岩、碱性辉长岩、花岗闪长岩及其相应的浅成岩、喷出岩和脉岩中，与斜长石、石英、黑云母、角闪石或霞石等共生。

正长岩

正长石

花岗岩

在变质岩中，由变质作用形成的正长石，主要产于高级区域变质带内，如花岗质片麻岩、钾长片麻岩中。

花岗质片麻岩   正长石砂岩

在沉积岩内，沉积作用形成的碎屑岩，以长石砂岩为主，少量石英砂岩，其内常见正长石碎屑，组成正长石砂岩。在含油地层中，长石是组成碎屑岩储油层的主要矿物之一。

一般火山岩、变质岩和沉积岩中的正长石颗粒都很小，只有0.1～10毫米，在斑岩中可达5～10厘米，而在伟晶岩中正长石粒度有的可达数十米

正长石的用途

正长石是长石类矿物的典型代表，在世界各地广泛分布。正长石和钠长石成分呈层状交互，两种长石的层状隐晶平行相互交生，折射率稍有差异，对可

美丽的月光石戒面(唐开疆提供)

见光发生散射。当有解理面存在时，可伴有干涉或衍射，长石对光的综合作用使长石表面产生一种蓝色的晕彩，这种特别的晕彩就是月光效应，因而这种宝石被称作"月光宝石"，又称"月长石"、"月亮石"。人们将其作为六月生辰石，象征荣华富贵和健康长寿。

　　工业上正长石是制作陶瓷和玻璃的重要材料，用于制造显像管玻璃、绝缘电瓷，也是搪瓷工业的重要配料，并可制造磨料；富含正长石的岩石也是提取钾肥的原料。

第八章
石英——魅力水晶

广义的石英有低温石英（α-石英）和高温石英（β-石英）两种，常见的石英是低温石英，通常所说的石英指的就都是它了，其摩氏硬度为7。

石英的样子

卡通石英

石英常见完好晶形，柱状、六方柱和菱面体单形或聚形，双晶较普遍，柱面上常见横条纹，有时出现三方双锥和三方偏方面体聚形。集合体常呈粒状、梳状、晶簇状及块状，隐晶质集合体呈肾状、钟乳状、瘤状、多色同心带状、多色致密块状等。

常为无色、乳白色、灰色，因含各种杂质及色心而具有各种色调，如紫

石英单晶

石英集合体

色、蔷薇色、黄色、烟色、柠檬黄色、红色、墨色、褐黄色、浅绿色等。

蔷薇色石英　　　　　　　　　　　　乳白色石英

个性特征

　　石英是一种耐一般酸碱腐蚀的稳定矿物，它的成分为二氧化硅(SiO_2)。流体二氧化硅常交代其他矿物，这就是石英的替代现象。

　　石英一般透明，常含少量杂质成分而呈半透明或不透明，具玻璃光泽，没有解理面，断口为贝壳状且具油脂光泽，质地坚硬，条痕为白色，无解理，有压电性及焦电性。

紫色透明石英

石英的形成

　　石英在地壳中分布非常广泛，各种地质作用均可形成，在三大类岩石中皆可见之，它是主要的造岩矿物。在火成岩中石英结晶最晚，所以通常缺少完整晶面，多半呈脉状填充在其他先结晶的造岩矿物中间。

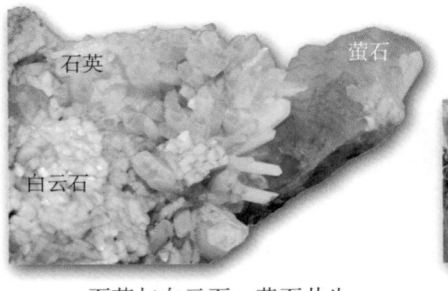

石英与白云石、萤石共生

石英与铬云母共生

石英单晶

　　优质石英成分纯净，当二氧化硅含量接近100%、结晶完美时就是水晶了，它的某些亚种具标型意义，如烟水晶只在较高温条件下形成；紫水晶是相当低

石英晶簇

温压条件下的产物；蔷薇石英总是呈块状产于伟晶岩脉的核心；玛瑙为低温胶体成因，主要产于喷出岩的孔洞中。

石英种类

因形态和物理性质的不同，石英有多个变种。

水晶晶簇

水晶：为纯净无色透明的石英晶体，因颜色不同又可分为含锰的紫水晶、含有机质的烟水晶或墨晶及含钛锰的蔷薇水晶等；还有红水晶、蓝水晶、绿水晶、黄水晶、发状水晶、包裹体水晶、水胆水晶及无腰水晶等。

锰铝榴石

烟晶

锰铝榴石与烟晶共生

乳石英：为乳白色、半透明、油脂光泽、块状产出的石英变种。

玉髓（石髓）：为隐晶质、半透明、钟乳状、蜡状光泽、纤维状石英变种。据颜色可分为光石髓、肉红石髓、绿石髓及血石髓等。

玛瑙：石髓的一种，为具明显的同心层或由不同颜色组成的条带状构造的变种。按其层纹和颜色的不同，可分为带状玛瑙、云雾玛瑙、苔纹玛瑙等。致密块状体石英交代纤维石

玛瑙

棉呈棕色具丝绢光泽者称虎眼石，具变彩的非晶质二氧化硅称蛋白石。

碧玉（碧石）：为不纯净、不透明的胶状隐晶质石英变种，通常因含铁质或泥质而呈红色及绿色等。

燧石：外观与石髓相似，但无光泽且颜色较深暗，常呈结核状或层状产于石灰岩中，具贝壳状断口，裂片尖锐，锤击时产生火花，俗称"火石"。

燧石

石英构成的岩石

石英是地壳中最常见的造岩矿物之一，在不同岩石类型中均有出现，以石英矿物为主体、成分组成相似的岩石由于成因不同而有着不同的定名，也具有各自的特征。

变质岩石中的石英含量大于75%时命名为石英岩。石英岩变晶粒度变化较大，矿物成分除石英外，还可含有长石、云母、绿泥石、角闪石、电气石、石榴子石、石墨及赤铁矿、针铁矿等

石英岩根据石英和长石的含量，可分为：石英岩（纯石英岩），石英含量大于90%，长石、云母等含量小于10%；长石石英岩，石英含量大于75%，长石及云母含量为10%～25%。石英岩的颜色很丰富，常见颜色有绿色、黄色、褐色、白色、蓝色、紫色、红色等。另外有石英千枚岩、石英云母片岩、铁英岩等变质岩石。

火成岩的侵入岩中，花岗岩的石英含量大于20%；当石英含量大于90%时称硅英岩（英石岩）。石英也是花岗伟晶岩脉和大多数热液脉的主要矿物成分，又称石英脉。

沉积岩中石英出现在陆源碎屑岩中，石英含量大于95%时，为石英砂岩、石英杂砂岩；当石英含量为75%～95%时，为长石石英砂岩或长石（岩屑）石英杂砂岩；还有岩屑石英砂岩或岩屑石英杂砂岩。当砾石中石英成分超过75%时，称石英砾岩（桑隆康等，2012）。

在非蒸发岩中，硅质岩是指由化学或生物化学作用以及某些火山作用形成的富含游离二氧化硅（一般超过70%）的岩石，其中也包括在盆地内经机械破碎再沉积形成的硅质岩（曾允孚等，1986）。有硅藻土、放射虫岩、蛋白土（岩）、燧石（岩）、板状硅质岩和碧玉岩、硅华等。

石英云母片岩　　　　　　　　　　　　花岗伟晶岩

石英砾岩　　　　　　　　　　　　　　硅藻土

石英的用途

　　石英的用途很广，远在石器时代，人们就用它制作石斧、石箭等简单的生产工具，以猎取食物和抗击敌人。水晶可作宝玉石材料；色泽差的玛瑙和石髓可作精密仪器的轴承和研磨器材、工艺雕刻材料等。

石英岩制作的摆件

石英制作的艺术摆件

♪ 工业材料

　　一般较纯净的石英可作玻璃、耐火材料和瓷器配料；无包裹体、无双晶、无裂缝的晶体可作压电材料，用于制作石英谐振器（如石英手表）。由于石英对可见光、红外光和紫外光均有良好的透过性，可用于制作光谱棱镜、透镜及其他光学装置，广泛应用于电子、超声波行业，制造各种光学仪器，因而也是重要的光学材料。

♪ 珠宝原料

石英是珠宝行业应用数量和范围颇大的一类宝石原料，其种类繁多、特征各异，可作宝石原料的石英有单晶、显晶—多晶质、隐晶质等多种结晶形态。

单晶石英在珠宝界统称水晶，依据颜色可有无色水晶、紫晶、黄晶、烟晶、芙蓉石等；依据特殊的光学效应，又可分为星光水晶、猫眼石英；依据其所含包体的特征，可分为发晶、水胆水晶等。

星光芙蓉石

发晶球

显晶质石英质玉石由粒状石英颗粒集合体组成，微透明—半透明，纯净者无色，若含有细小的其他有色矿物，可呈现不同的颜色。最常见品种是东陵石，还有京白玉、密玉、贵翠和佘太翠等。

乳水晶

紫水晶

隐晶质石英质玉石分为玉髓和玛瑙两个品种。在周口店北京人文化遗址中就发现了古人类用玉髓制作的石器。当玉髓含氧化铁和黏土矿物大于20%时，商业上俗称"碧玉"，颜色多呈暗红色、绿色或杂色。

"碧玉"雕刻的摆件临描

木变石是二氧化硅全部交代蓝色的钠闪石石棉，但仍保留纤维状晶形外观，因纹理和颜色像木纹而得名。木变石根据颜色分为虎睛石、鹰眼石、猫眼石、斑马虎睛石等。

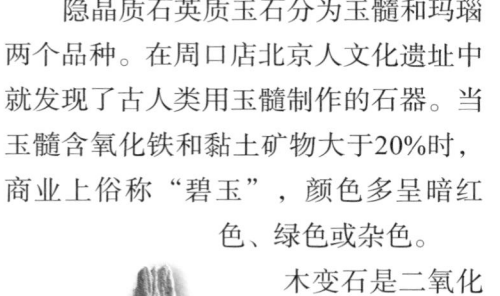

硅化木

硅化木为二氧化硅交代数百万年前埋入地下的树干形成，保留了树干形状及其纤维状结构，颜色为土黄、淡黄、黄褐等，以颜色鲜艳、光泽强、木质结构清晰、质地致密者为好。

我国的水晶资源丰富，全国有25个省（区）有水晶产出。江苏是我国水晶的主要产地，以东海最为著名，被称为中国的"水晶之乡"。海南、新疆、四川等地也是高品质水晶的产出地。

第九章
黄玉——托帕石

黄玉透明度很高、坚硬，摩氏硬度为8，又称为黄晶，反光效应很好，颜色美丽，深受人们的喜爱，在珠宝行业中称之为托帕石。黄玉经常与锡矿石伴生在一起，可以作为寻找锡矿的标志。

听到黄玉的名字，也许你会直观地认为它是黄色的玉石，实际上黄玉并不是玉石，它也不仅仅只有黄色一种颜色

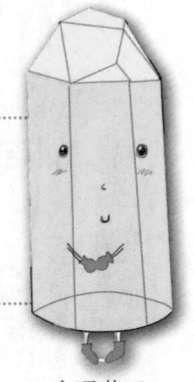

卡通黄玉

黄玉的样子

黄玉晶体呈柱状、短柱状，柱面上多具纵纹，横切面常呈菱形、杏仁状，晶体内往往含有微晶或液体包裹体，集合体常为不规则粒状、块状。

黄玉颜色为无色或微带蓝绿色、黄色、乳白色、黄褐色或红黄色等。在长期的日光照射下彩色的黄玉会褪色，在同一块黄玉上也可能出现两种颜色。

黄玉单晶

黄玉集合体

个性特征

黄玉透明至半透明，具玻璃光泽，解理完全，条痕呈白色，硬度大。黄玉加热后可呈玫瑰色。

蓝色黄玉

黄色黄玉

黄玉从哪儿来

黄玉由高温热液作用和伟晶作用形成，是典型的高温气成热液矿物，主要产于花岗伟晶岩、云英岩和高温气成矿脉中，也见于与次火山岩有关的隐爆角砾岩和热液角砾岩中。共生矿物为石英、电气石、白云母以及萤石、

黄玉

花岗伟晶岩中的黄玉

锡石、黑钨矿等。在一些花岗岩、花岗伟晶岩中，黄玉可作为非气成热液矿物产出，共生矿物为绿柱石、独居石。

在变质岩中，黄玉有时与石英、蓝晶石等矿物共生产出于黄玉蓝晶石英片岩中。黄玉也出现于碎屑沉积岩中，是碎屑岩中的重矿物。

黄玉与石英、白云母共生

黄玉和白云母共生

黄玉和石英共生

传说与喻意

古人认为，黄玉的太阳般光辉能给人以温暖，佩戴它能稳定情绪，增强智慧和勇气，许多古老的民族把它当作护身符。据说，在黄金饰物上镶一块黄玉挂在颈上可以避免邪气、驱赶妖魔。相传古希腊国王曾把一颗重168克拉❶的黄玉当作钻石镶嵌在皇冠上，显赫一时。

传说，在古印度战场上，一位军官把一颗黄玉放到因受重伤和缺水而生命垂危的士兵嘴里，使士兵自我感觉伤痛有所缓解，因此而争取了治疗时间，最

---

❶ 1克拉＝0.2克。

传说中皇冠上的黄玉绘画　　　古印度战场上的黄玉传说绘画

终挽救了士兵的生命。

黄玉还被人们赋予有某些神力，以为它有驱散忧郁的神效，将黄玉研制成粉末，浸泡于美酒之中，当药来医治精神抑郁症。当你郁郁寡欢而不知所措之时，取酒盈樽，一饮而尽，定当心旷神怡，愁云为之一净（汤易等，2000）。

矿产分布

世界著名的黄玉产地有巴西、俄罗斯的乌拉尔和巴基斯坦的卡特朗。重要的宝石级黄玉产地是巴西的米纳斯吉拉斯州，这里的黄玉有黄色、深雪梨黄色、粉红色、蓝色及无色等。

产于巴西的"帝王托帕石"，重达875.4克拉，其通体晶莹剔透和金灿醉人的酒黄色，让人难以忘怀！

俄罗斯的乌拉尔和巴基斯坦的卡特朗产因含铬（Cr）而呈玫瑰红色的黄玉。世界上绝大部分托帕石产在巴西花岗伟晶岩中，包括各种颜色的品种，最大的晶体重达117千克。斯里兰卡也是黄玉较重要的产地，此处产出的黄玉主要为蓝色、绿色和无色。美国加利福尼亚州产蓝色和黄色的黄玉。

巴西产托帕石

我国云南产托帕石

中国的托帕石产于内蒙古、江西、新疆、广东、云南等地。

黄玉的用途

黄玉可入药，可作为精细仪表的轴承及研磨材料，透明色美的黄玉可作宝石原料。

由于消费者容易将黄玉与黄色玉石、黄水晶相互混淆，商业上多采用黄玉的英文音译名称"托帕石"来标注宝石级的黄玉

♪ 托帕石

黄玉是一种色彩迷人、漂亮的宝石，深受人们喜爱。自古以来，黄玉一直因其硬度大、颜色美丽，被视作比较贵重的宝石。

托帕石和碧玺

淡绿色托帕石

托帕石有多种颜色的品种，以黄色居多，也有淡绿色、淡蓝色、粉红色等，主要用来加工成各种翻光面型宝石，美丽和晶形完整的晶体更受收藏家或博物馆的青睐。

托帕石戒面

浓黄色黄玉，色似黄酒，中国古称"酒黄宝石"，国外称"东方黄宝石"或"巴西黄宝石"，在月光的照射之下，发出黄色光芒，是托帕石中最优品种之一。红色的优质黄玉，也非常珍贵。

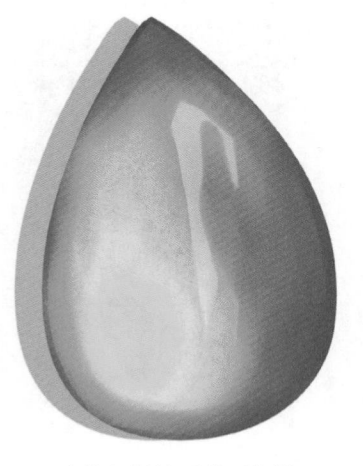

浓黄色托帕石戒面临描　　　　　酒黄色托帕石戒面临描

现今，珠宝行业将黄玉定为11月生辰石，象征着希望和幸福。黄玉还是"友谊之石"，是友情、友谊和友爱的象征。

第十章
刚玉——红宝石、蓝宝石

刚玉系矿物学名称，摩氏硬度为9。大而无暇、彩色透明的刚玉晶体是名贵的宝石。刚玉的宝石品种有红宝石、蓝宝石，它们是世界上公认的两大珍贵彩色宝石。

卡通刚玉

刚玉的样子

刚玉晶体多呈腰鼓状、桶状、厚板状、柱状，少数呈板状或片状、锥状，高压下在晶面上常出现相交的斜的或横的条纹，底面上可见三角形裂开纹，集合体常为不规则粒状或致密块状。

厚板状刚玉（施光海摄）

腰鼓状刚玉

纯净的刚玉是无色的，由于所含杂质不同而呈现出各种颜色，几乎包括了可见光谱中的红、橙、黄、绿、青、蓝、紫等所有颜色。

粉红色刚玉

蓝紫色刚玉

个性特征

刚玉为透明至半透明，具玻璃光泽至金刚光泽，有的晶面上呈珍珠光泽或星彩，无解理，可见双晶（导致裂开），有时出现裂理，条痕呈灰白色，硬度高，化学性质稳定，不易腐蚀。一般具有不同深浅颜色的二色性，在紫外线照射下，含铬和锰者发亮红光，含钛者发玫瑰红光，含钒者发黄光，发光光谱随着杂质的含量不同而变化。

半透明刚玉单晶
（施光海摄）

　　质优者且色彩鲜艳的刚玉可作宝石；晶形好、粗大、色泽美丽且无暇者，为高档宝石。

红宝石戒面　　　　　　　　　　　　蓝宝石戒面

刚玉的形成

　　在高温条件下，含有较丰富铝和较贫乏硅的岩浆可生成刚玉。产于岩浆岩和伟晶岩中的刚玉，常与长石、尖晶石等共生，见于正长岩、刚玉斜长岩、刚玉伟晶岩、橄榄苏长岩、玄武岩、安山岩中。

　　在变质岩中，区域变质作用形成的刚玉

大理岩中的刚玉

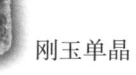

刚玉单晶

产于片麻岩中，与矽线石、磁铁矿、钾长石、白云母等共生；接触交代变质作用形成的刚玉产于岩浆岩与石灰岩的接触带中，与方解石、磁铁矿、绿帘石等共生，是岩浆岩去硅作用的产物。

在沉积岩中，机械沉积作用形成的刚玉，在砂矿内呈重矿物出现，沉积铝土矿中也能见到刚玉。

大理岩中的紫红色刚玉

刚玉单晶

大理岩中的红刚玉

刚玉宝石的品种

刚玉宝石品种的划分依据主要是颜色和特殊的光学效应（张蓓莉等，2006）。刚玉宝石颜色品种划分有红宝石和蓝宝石。红宝石是红色的刚玉宝石，颜色为粉红色、浅红色、红色、橙红色、紫红色、褐红色等；蓝宝石为除去红宝石以外的所有刚玉宝石，有蓝色、蓝绿色、绿色、黄色、橙色、紫色、灰色、黑色、无色等多种颜色。

红宝石戒面临描　　　　　　　　　　　橙色蓝宝石戒面

依据特殊的光学效应，刚玉宝石可以划分出星光红宝石、星光蓝宝石、变色蓝宝石等品种（张蓓莉等，2006）。

矿产分布

刚玉在世界各地分布广泛，我国的江苏、黑龙江、云南、河北、西藏、辽宁、吉林、内蒙古、陕西、山西、山东、青海、福建、江西、安徽、海南、新疆等地有分布。

产自山东的蓝刚玉　　　　　　　　　　产自青海的红刚玉

我国的红宝石发现于云南、安徽、青海、黑龙江、重庆等地，其中云南红

宝石质量较好；蓝宝石发现于海南蓬莱镇、山东潍坊地区、青海西部、江苏六合等地。

山东蓝宝石以粒度大、晶体完整著称，最大达 155 克拉，但颜色过深、透明度较低。与蓝宝石相比，黄色蓝宝石大多透明度较好

刚玉的用途

刚玉的高硬度和高熔点等特性，使之在冶金、机械、电子、化工、航空和国防等众多工业领域得到广泛应用。多彩的光泽、丰富的颜色，无疑是珠宝界的宠儿，红蓝宝石不乏珍品，文化蕴意深远。

♪ 工业用途

可利用刚玉耐高温、耐腐蚀、高强度等性能，制作坩埚器皿及各种高温窑炉的内衬（墙和管）等，用以冶炼稀贵金属、特种合金、高纯金属、玻璃拉丝、激光玻璃等；也可以制作理化器皿、火花塞、耐热抗氧化涂层等；还可以制作保温材料，如刚玉轻质砖、刚玉空心球和纤维制品等，广泛应用于各种高温窑炉的炉墙及炉顶，既耐高温又保温。

在化工系统中，可利用刚玉硬度大、耐磨性好、强度高的特点，制作各种反应器皿和管道、化工泵的部件，制作机械零件、模具、刀具、磨具磨料、防弹材料等，如拔丝模、挤铅笔芯模嘴等。

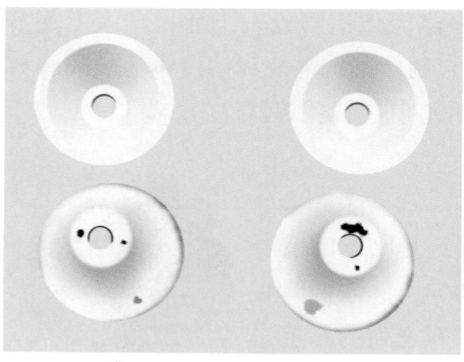

刚玉杯形砂轮临描　　　　　　　　　　刚玉砖临描

在电子工业中，利用刚玉的高温绝缘性及晶体结构稳定的特性，制作热电偶的套丝管和保护管，即使在原子反应堆中，在高频、高压和较高的温度下使用，其绝缘性能依旧优良，损耗不大。

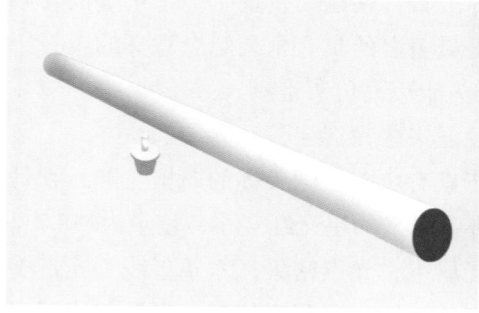

刚玉炉管临描　　　　　　　　　　　刚玉坩埚临描

刚玉制品气密性好，即使在高温下也严密不透气，因此在电真空行业中得到广泛应用，如用刚玉制作各种大型电子管壳、固体微电路中的双列直插式封装外壳。透明刚玉制品可制作灯管、微波整流罩。

氧化铝陶瓷因其主晶相为刚玉α-Al_2O_3，又称刚玉陶瓷，其用途极为广泛，可用作坩埚、发动机火花塞、高温耐火材料、热电偶套管、密封环等，还可制作氧化铝陶瓷人工骨、羟基磷灰石涂层多晶氧化铝陶瓷人工牙齿、人工关节等。另外，Na-β-Al_2O_3导电陶瓷，可以用来制作钠硫电池和钠溴电池的隔膜材料，用于电子手表、电子照相机、听诊器和心脏起搏器等器件中。

♪ 刚玉珠宝珍品

红宝石、蓝宝石均为高档珍贵的宝石，是刚玉的宝石矿物，有"姊妹宝石"之称（何松，2004），红如鸽血、篮如矢车菊，是位于世界五大珍贵宝石之列的彩色宝石。

当今世界上发现的最大的星光蓝宝，为1984年在澳大利亚发现的一颗昆士蓝的蓝黑色宝石级星光蓝刚玉，重量为1156克拉，琢磨加工后，重733克拉，呈椭圆状，透明度较好，星光居中，星线明显、完全，颜色绚丽，现被美国洛杉矶一家宝石公司珍藏。

和平红宝石

于1918年11月11日第一次世界大战休战日，在缅甸发现了一个重量仅为45克拉的宝石级红刚玉晶体，是当今世界上最著名的具有永久纪念意义的宝石。它未经过琢磨加工，就被一位爱好和平的人士以高价买走。

罗色里夫星光红宝石

产于素有宝石王国美称的斯里兰卡，它是当今世界上最大的星光红宝石，重量为138.7克拉，星光居中，光点密集，六条星线（光带）清晰、完美无缺，透明度较好，现被美国国家自然历史博物馆收藏。

印度之星

它是位居世界第二的蓝宝石，重536克拉，晶莹剔透，蓝中带紫，具"帝王石"之风范，自背面开始琢磨，高贵、典雅、庄重，现被美国纽约博物馆珍藏。

罗色里夫星光红宝石临描

印度之星蓝宝石临描

♪ 红宝石文化

红宝石"Ruby"一词源于拉丁语，意思是红色，代表着热诚，寓意着吉祥。"红宝石"指的仅仅是颜色为红色的刚玉宝石。

传说认为，戴红宝石的人会健康长寿、爱情美满、家庭幸福，而且，左手戴上一个红宝石戒指或者左侧戴一枚红宝石胸饰，就会有一种逢凶化吉、化敌为友的魔力。缅甸人珍视红宝石，不仅因为它美丽，还因为相信红宝石能保佑人不受伤

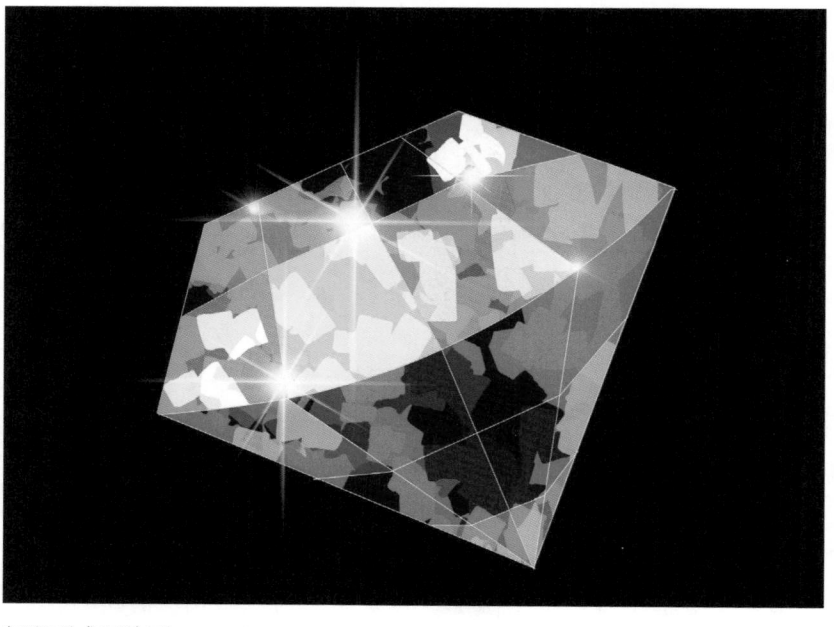

红宝石戒面绘画

害，在身体上割一个小口，把红宝石嵌进去，志愿施行这种手术的武士就会刀枪不入（何雪梅，2006）。

在宝石级金刚石（钻石）无法切磨加工的15世纪以前，红宝石最为高贵，各国帝王贵族均以佩戴红宝石为荣，那时古印度人把红宝石称为"宝石之王"。在中世纪的欧洲，红宝石被视为神灵慈悲的宝石。即使在信息时代的今天，红宝石仍不失王者的风

鸽血红宝石戒面

范，质量上乘的优质鸽血红宝石，比同样大小的优质钻石还要昂贵难求。

红宝石炙热的红色使人们总是把它和热情、爱情联系在一起，被誉为"爱情之石"，象征着热情似火、永恒与坚贞，人们将其作为结婚40周年的纪念石。

在美国国家自然历史博物馆，珍藏着世界上最大最完美的红宝石——卡门·露西亚红宝石，它重达23.1克拉，与钻石一起镶嵌在一枚铂金戒指上，异常漂亮。它

星光红宝石戒面

象征着爱情的美好、永恒与坚贞，与一段伟大的爱情故事有关。2003年一位名叫卡门·露西亚的女士病逝于癌症，她生前有一个梦想，就是想一睹世界上最大最漂亮的红宝石的风采（Ailing，2013）。在她去世后，一生珍爱她的丈夫捐出巨资给美国国家自然历史博物馆用以收购并展出这颗宝石，作为永远的纪念，并用妻子的名字为这颗宝石命名。

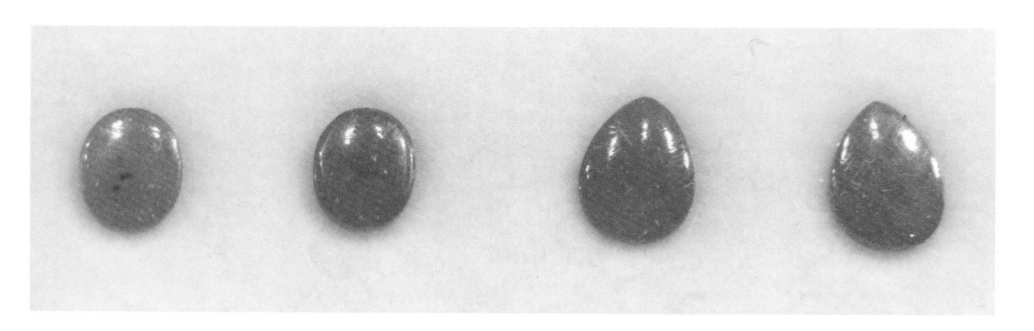

红宝石戒面

我国对红宝石的认识历史悠久，人们很喜欢这娇艳欲滴、颜色艳丽的彩色宝石，常常把红宝石随身携带，用来保佑平安。东汉时代人们将红宝石称为"光珠"，认为红宝石能够带来光明之神的力量。明清时期，认为红宝石饰品能够带来幸福，大量红宝石被用于宫廷首饰，成为身份、地位的象征，数个皇后的凤冠上都嵌有红宝石。著名的十三陵之一定陵中就出土了大量优质的红宝石饰品。

"鸽血红"是红宝石中的佳品，红色极为纯净、饱和、强烈，鲜艳美丽，是世界上价格最昂贵、最贵重的宝石之一。在欧美国家红宝石被认为是7月的诞生石(生辰石)，是狮子星座的特定代表宝石。骄阳似火的7月，灿烂的阳光与红宝石夺目的红色光芒相互辉映，令人朝气蓬勃，奋发向上，象征着仁爱、品质高尚和坚贞、火红的爱情。

♪ 蓝宝石文化

蓝宝石的英文为"Sapphire"，其意是蓝色，寄托着人们对在天之神的感激。古代波斯人认为，大地是由一个巨大的蓝宝石支撑着的，蓝宝石的反光将宇宙天空映成蔚蓝色。这一古人的想象，被现代科学家的宇宙探测得到"证实"，即从月球或太空看地球，的确看到的是一个蔚蓝色的星球。

蓝色的蓝宝石因其通透的深蓝色而得到"天国之石"的美称，被古代人

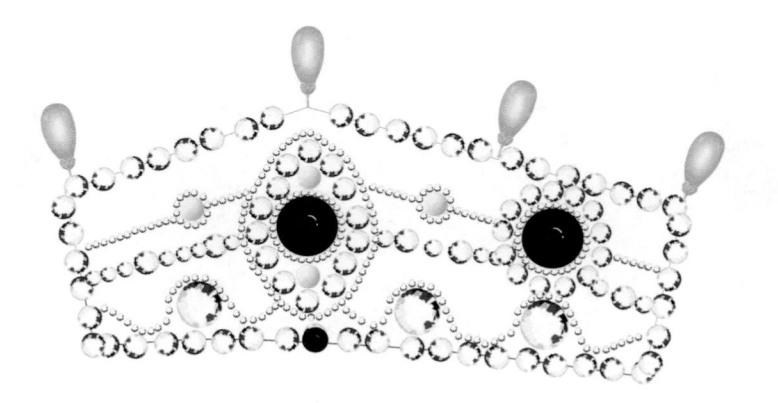

蓝宝石皇冠饰品绘画

们蒙上神秘的超自然的面纱，视为吉祥之物。早在古埃及、古希腊和古罗马，蓝宝石就被用来装饰清真寺、教堂和寺院，并作为宗教仪式的贡品。传说拥有蓝宝石者能得到来自于天界的灵感，只要凝视着蓝宝石所绽放出的深蓝色光芒，便能拥有超人智慧，所以以罗马教皇为首的神职人员，都将蓝宝石作为至爱和必备之物而珍藏。

蓝宝石戒面

自古以来，蓝宝石曾有"帝王石"之称。据法国史料记载，19世纪初，正是由于一颗被世人誉为"拥有它者必为王"的卡鲁大帝的护身蓝宝石，改变了拿破仑一世和爱妃约瑟芬的命运。蓝宝石是美国和希腊的国石，象征着星条旗上的蓝色条纹和澄蓝色的地中海。

中国古代称蓝宝石为"青雅姑"，有"男石"之说。东方传说中把蓝宝石看作指路石，认为可以使佩戴者不迷失方向，保佑平安，并且还会交好运。被称为"命运之石"的星光蓝宝石的三束星光带，被赋予忠诚、希望和博爱的美好象征。

蓝宝石戒面

星光蓝宝石戒面

　　有人把蓝宝石看作是秋天的宝石，西方国家认为蓝宝石是9月的诞辰石，是慈爱、诚实和德高望重的象征。结婚45周年称为蓝宝石婚，被看作是对爱情忠诚和坚贞的象征。蓝宝石是人们珍视的幸运、吉祥的宝石，为世界带来了许多美好和爱的希望。

第十一章
金刚石——最硬的矿物

卡通金刚石

把自然界存在的任何两种不同的矿物互相刻划，其中必定会有一种受到损伤。有一种矿物，能够划伤其他一切矿物，却没有一种矿物能够划伤它，这就是金刚石。

金刚石的样子

金刚石均呈单晶产出，形态为八面体、菱形十二面体或六八面体，也呈四面体、立方体等单形或聚形，晶面常有蚀像、弯曲呈浑圆状，并具有条纹。常见圆粒状或碎粒，小者如小米粒或黄豆粒，粗大晶体罕见。

纯净的金刚石是无色的，常因含微量杂质而呈蓝、黄、灰、紫、红、黑等各种颜色

金刚石单晶

个性特征

金刚石是碳（C）单质的集合体，它最大的特征是硬度在目前自然界中是最高的，抗磨性强，但性脆。质纯者透明，有典型的金刚光泽，断口具油脂光

泽，解理中等，熔点高，化学性质非常稳定，疏水而亲油，强色散而不导电，具有良好的导热性和半导体性能，具发光性，经日光暴晒后放置于暗室可发出淡青蓝色磷光；在阴极射线下发蓝、绿色荧光。

金刚石在天然矿物中的硬度最高，但它也有一个很大的"弱点"，就是脆性相当高，用力碰撞会碎裂

金刚石的形成

金刚石产于高温高压条件下，主要见于金伯利岩（又称角砾云母橄榄岩）中，也有时见于钾镁煌斑岩中，共生矿物为镁质橄榄石、金云母、镁铝榴石、钛铁矿、铬尖晶石、铬铁矿、金红石等。在一些榴辉岩的石榴子石、绿辉石中曾发现有金刚石的包裹体。

金刚石也常呈砂矿产出，伴生矿物有自然金、铂、钛磁铁矿、镁铝榴石、

金伯利岩

金伯利岩中的金刚石

金红石等。在陨石中也发现有少量金刚石。

矿产与分布

金刚石在我国主要分布在山东、辽宁、湖南和贵州等地。

典型矿床

山东省蒙阴县金伯利岩型金刚石原生矿，发现于20世纪60年代初，"红旗1号"金伯利岩脉、"胜利1号"岩管等的发现，是我国第一次找到有工业价值的金刚石原生矿。矿山于1970年建成投产，1999年12月转入地下开采，至今累计产出128万余克拉的金刚石，陆续产出了一些著名的金刚石单晶，有1983年产出的"蒙山一号"金刚石，重119.01克拉；1991年产出的"蒙山二号"及"蒙山三号"金刚石，分别重65.57克拉、67.03克拉；2006年产出的"蒙山五号"，重101.46克拉。

"蒙山一号"钻石

"蒙山五号"钻石

"红旗6号"岩管是蒙阴金伯利岩中最大的岩管，岩性种类较为齐全，金刚石品位较高，具有很好的代表性。

矿石岩性有斑状金伯利岩、含金刚石斑状金伯利岩、碳酸盐化斑状金伯利岩、含金刚石岩球斑状金伯利岩、含镁铝榴石斑状金伯利岩和以灰岩角砾为主的金伯利角砾岩等，矿体围岩为二长花岗岩。

金刚石的传说

相传公元前350年，马其顿国王亚历山大东征印度，在一个深坑中发现有钻石，但深坑内有许多毒蛇守护着，这些毒蛇的毒性十分强，人们不敢靠近它们。聪明的亚历山大想出了一个办法，他命令士兵用镜子聚光，将毒蛇烧死，然后把羊肉扔进坑内，坑中的钻石就粘在羊肉上面。羊肉引来了秃鹰，秃鹰连羊肉带钻石吃进腹内。他们追杀秃鹰而得到了钻石。从此传说毒蛇是金刚石的守护神。

毒蛇真是上帝派来守护金刚石的吗？与蛇共舞，其实靠的还是金刚石的

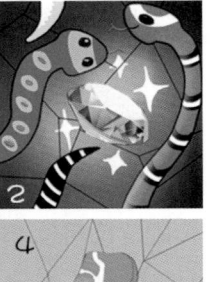

金刚石传说

金刚石传说

独特魅力——金刚石特有的荧光现象。

金刚石受X光或者紫外线的照射后会发光，特别是在黑暗的地方或夜里会发出蓝、青、绿、黄等颜色的荧光。上面这个传说中，藏在坑中的金刚石，白天受到太阳光紫外线照射后，夜里会发出淡青色的荧光，这些荧光吸引了许多有趋光性的昆虫飞来，昆虫引来大量的青蛙，青蛙又招来许多毒蛇，环环相扣，这就是有金刚石的深谷中多毒蛇的原因。

金刚石的用途

金刚石分为宝石金刚石和工业金刚石，后者是钻探和切削的刃具材料，其半导体性和导热性使其在信息产业、电子技术领域得到广泛应用。

♪ 珠宝——钻石

金刚石具有光彩诱人的色泽和极高的硬度，当它的杂质含量及透明度达到一定标准时，进行适当的人工雕琢后即成为钻石。金刚石的折射率非常高，色散性也很强，能反射出五彩缤纷的闪光。人们将钻石琢磨成各种多面体，以此更好地展示钻石的美丽。

一颗钻石的价值主要取决于四个方面：颜色、净度、重量和切工。无色的钻石是最好的，色调越深品质越差；彩色的钻石，如黄色、绿色、蓝色、褐

钻石项圈（施光海摄）

钻石耳钉（施光海摄）

色、粉红色、橙色、红色、黑色、紫色等钻石，则属于钻石中的珍品，越是难得的颜色其价值越高。净度取决于内含物的位置、大小和数量，在10倍显微镜下仔细观察钻石的洁净程度，瑕疵越多、所在位置越明显，则品质越差，价格相应降低。钻石的重量单位是克拉，1克拉等于200毫克，因为钻石的密度基本上相同，因此越重的钻石体积越大，越大的钻石越稀有，每克拉的价值就越高。切工分为切割比例、抛光、修饰度三项，取决于加工的水平。

钻石戒面

作为宝石，必须具备美丽、耐久和稀少这三大要素。钻石是唯一一种集高硬度、强折射率和高色散于一体的宝石品种，至今仍是最紧俏、最名贵的宝石。

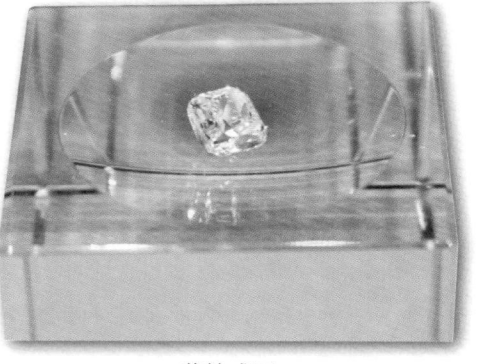

黄钻戒面

♪ 工业应用

金刚石不仅可以加工成价值连城的珠宝，在工业中也大有可为。由于它的硬度高、耐磨性好，可广泛用于切削、磨削、钻探，比如金刚石制成的地质钻头和石油钻头；由于导热率高、电绝缘性好，可作为半导体装置的散热板；由于优良的透光性和耐腐蚀性，在电子工业中也得到了广泛应用。

因为金刚石很稀有，所以工业上应用的金刚石普遍采用人造金刚石和一些品质不能作为钻石的金刚石。

合成的聚晶金刚石（PCD）切削工具与碳化钨切削工具相比，使用寿命约长50~200倍，加工工件的成本低，用在拉丝模、钻头上，填补了碳化钨与天然金刚石之间的空白（詹宁斯 M，1989）。

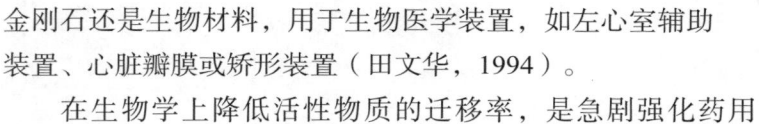

钻探用金刚石钻头

纳米金刚石是基于金刚石和纳米技术这两大优势材料和技术结合的产物，具有许多独特的优点，如规则的形貌、化学活性大、易于与生物分子相结合等，被看作是21世纪最有前途的材料之一。在超精抛光、医药领域、高性能润滑、电镀、复合材料等方面都有非常好的应用（李春花等，2016）。

♪ **医学应用**

金刚石手术刀目前已用于外科手术。金刚石还是生物材料，用于生物医学装置，如左心室辅助装置、心脏瓣膜或矫形装置（田文华，1994）。

在生物学上降低活性物质的迁移率，是急剧强化药用试剂作用的手段，纳米金刚石的应用可诱致血压的正常化。此外，纳米金刚石可应用于肿瘤学、肠胃学、心脏学、血管疾病的诊治等，它们没有致癌或诱变的性质，无毒（王光祖，2003）。

参 考 文 献

毕丽叶，聂晶. 2017. 滑石功用拾遗[J]. 中国中医基础医学杂志，8: 1153-1153

布和巴特尔，云晓华. 2008. 不同煅淬溶液对方解石炮制质量的影响[J]. 中国民族医药杂志，(11): 50-51

常丽华，陈曼云，金巍等. 2006. 透明矿物薄片鉴定手册[M]. 北京：地质出版社

何松. 2004. 刚玉·红宝石·蓝宝石的再认识[J]. 珠宝科技，(5): 14-18

何雪梅. 2006. 刚玉姐妹 红如鸽血 篮如矢车菊[J]. 钟表，(5): 96-99

吉布拉道尔吉. 1988. 无误蒙药鉴[M]. 呼和浩特：内蒙古人民出版社

雷教撰. 王兴法辑校. 1986. 雷公炮炙论[M]. 上海：上海中医学院出版社

李春花，贺小光，卓春蕊等. 2016. 纳米金刚石的应用[J]. 黑龙江科技信息，(12): 100

李胜荣等. 2008. 结晶学与矿物学[M]. 北京：地质出版社

刘树臣，杨良锋. 2017. 世界矿物精品 (2017)[M]. 北京：地质出版社

桑隆康，马昌前等. 2012. 岩石学[M]. 北京：地质出版社

邵厥年，陶维屏等. 2010. 矿产资源工业要求手册[M]. 北京：地质出版社

汤易，张华球. 2000. 黄玉杂谈[J]. 珠宝科技，9: 43

唐洪明等. 2007. 矿物岩石学[M]. 北京：石油工业出版社

田文华摘译. 王春仁校. 1994. 金刚石：二十一世纪的生物材料[J]. 国外医学生物医学工程分册，(17-3): 164-166

王欢，那生桑，布和巴特尔. 2014. 蒙药材方解石防治幽门结扎性胃溃疡炮制方法的筛选研究[J]. 中国民族医药杂志，(9): 48-51

伊喜巴拉珠尔. 1976. 认药白晶鉴[M]. 锡林浩特：锡盟蒙医研究所翻译

詹宁斯 M. 1989. 工业金刚石的生产和应用[J]. 非金属矿，(9): 62-63

张培莉等. 2006. 系统宝石学（第二版）[M]. 北京：地质出版社

Ailing. 2013. 红宝石、蓝宝石、祖母绿 高档宝石的三架马车[J]. 收藏. (8): 106-113